大腦最強 幼兒版 之 培養大腦 記憶力

儲存記憶

處理數據

細心觀察

善用詞語

卡洛．卡臣及索尼婭．史加高 著

伊拿斯奧．富爾蓋蘇 圖

新雅文化事業有限公司
www.sunya.com.hk

新雅・知識館

大腦最強幼兒版之培養大腦記憶力

作　　者：卡洛・卡臣（Carlo Carzan）及 索尼婭・史加高（Sonia Scalco）

繪　　圖：伊拿斯奧・富爾蓋蘇（Ignazio Fulghesu）

翻　　譯：陸辛耘

責任編輯：劉紀均

美術設計：鄭雅玲

出　　版：新雅文化事業有限公司

　　　　　香港英皇道499號北角工業大廈18樓

　　　　　電話：（852）2138 7998

　　　　　傳真：（852）2597 4003

　　　　　網址：http://www.sunya.com.hk

　　　　　電郵：marketing@sunya.com.hk

發　　行：香港聯合書刊物流有限公司

　　　　　香港新界大埔汀麗路36號中華商務印刷大廈3字樓

　　　　　電話：（852）2150 2100

　　　　　傳真：（852）2407 3062

　　　　　電郵：info@suplogistics.com.hk

印　　刷：中華商務彩色印刷有限公司

　　　　　香港新界大埔汀麗路36號

版　　次：二〇二〇年四月初版

ISBN: 978-962-08-7459-8

Text by Carlo Carzan and Sonia Scalco
Illustrations by Ignazio Fulghesu
Graphic design by Ignazio Fulghesu and Alessandra Zorzetti
The Work is published in agreement with Caminito S.a.s. Literary Agency
Originally published in the Italian language as "Allenamente Junior"
© 2019 Editoriale Scienza srl., Firenze-Trieste
www.editorialescienza.it
www.giunti.it

目錄

距離學校的超級問答大賽只剩10天了。要知道，這是一年一度的盛事啊！

阿爾伯特是第一次參加比賽。這是他夢寐以求的機會，他已經急不及待了！

阿爾伯特必須確保自己記得把參賽證放入書包！

不好了！參賽證不見了！阿爾伯特找遍了房間的每個角落：
玩具車底下、棋盤遊戲的盒子，還有書包裏，但就是找不到。
難道是被媽媽拿走了？

「媽媽，你把超級問答大賽的參賽證放在哪裏了？我怎麼找不到呢？」
阿爾伯特着急地問。

「我沒有拿。我之前還看到它就在你睡前看的故事書上。」

參賽證在哪裏?

阿爾伯特的參賽證可能就在以下紅圈圖示的物品後面,
請幫助他在大圖找出那些物品。

媽媽準備送阿爾伯特上學，
他卻開始擔心起來，不知該如何
向自己的老師交代。

昨天，老師還在課堂上對大家說：「
想要記起自己把東西放在哪裏，就必須運
用**記憶力**和**專注力**。」

老師還說：「訓練大腦很重要，就和
鍛煉身體一樣重要啊！」

在上學途中，阿爾伯特突然看到了什麼。

「媽媽，看看那張海報！那個大腦圖畫裏寫了什麼呀？」

「是大腦訓練營！」

「那個地方看起來就像個遊樂場！」阿爾伯特興奮地叫道，「如果那裏可以訓練大腦，那它是否能幫我找回參賽證呢？」

「說不定可以啊！今天下午我陪你去那裏看看吧！」

參加大腦訓練營

到了下午，媽媽陪阿爾伯特來到了**大腦訓練營**。

「媽媽，這些不停閃爍的燈，是做什麼的呢？」阿爾伯特看着入口處的大螢幕，好奇地問。

「那些是**神經元**，也就是構成我們大腦的細胞。它們就好像一塊塊的小磚頭，幾乎每一塊都彼此相連，負責收集、研究及傳遞資訊。」

「那它們能不能幫我找回參賽證呢？」

「很有可能喔！不過我們要先去問問。你首先要做的就是找到正確的按鈕，打開大門，我們才能進入訓練營。」

找尋入口

請幫助阿爾伯特找到正確的按鈕，打開大門進入訓練營。

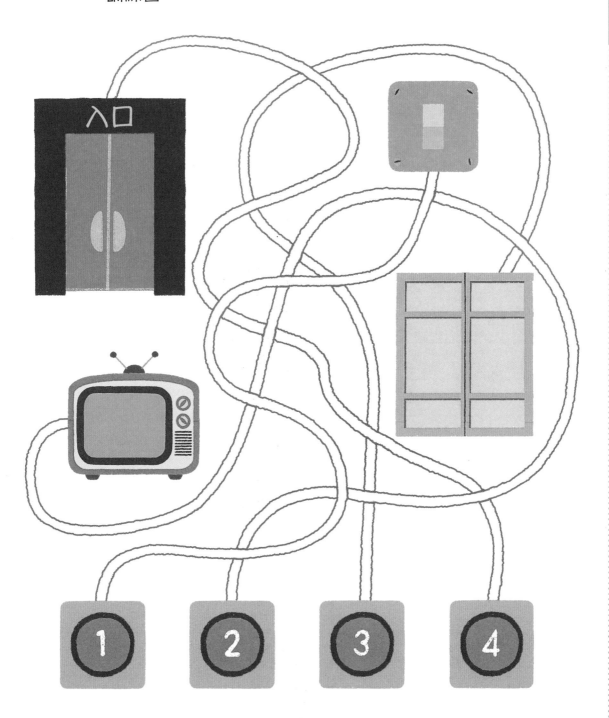

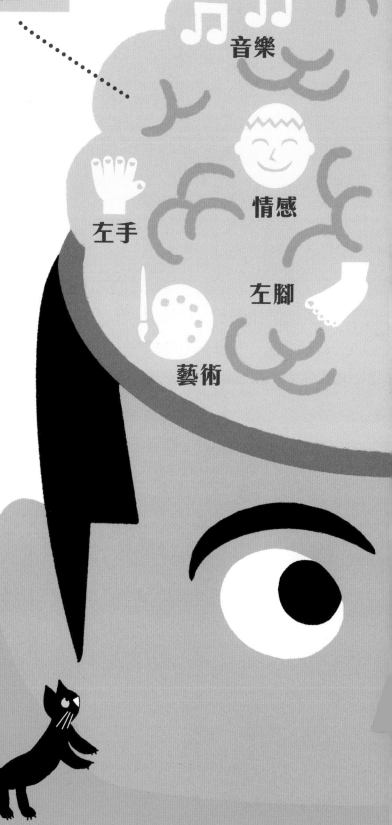

右腦

音樂

情感

左手

左腳

藝術

「我們的大腦居然分成**兩半**，真是特別呢！」阿爾伯特看着牆上的一幅畫說。

「它們是**右腦**和**左腦**，」一個大哥哥走了過來，「它們的職責是讓我們的身體發揮作用。每邊腦袋都有它專門負責的**特別任務**。」

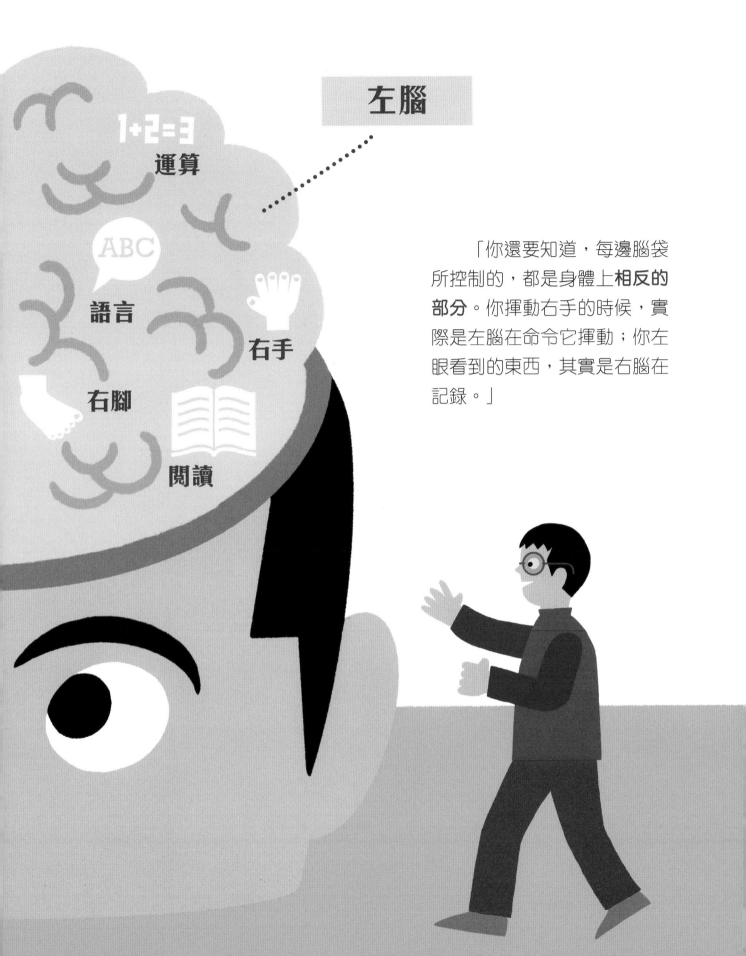

左腦

1+2=3
運算

ABC

語言

右手

右腳

閱讀

「你還要知道，每邊腦袋所控制的，都是身體上**相反的部分**。你揮動右手的時候，實際是左腦在命令它揮動；你左眼看到的東西，其實是右腦在記錄。」

阿爾伯特全神貫注地聽。這時，大哥哥自我介紹：「我叫查理，是訓練營裏的教練。我的任務是讓大家了解這裏的遊戲和活動，幫助大家更好地訓練大腦。

在這裏，你會學到如何訓練神經元，也就是腦細胞。神經元的作用很大，它能讓你：

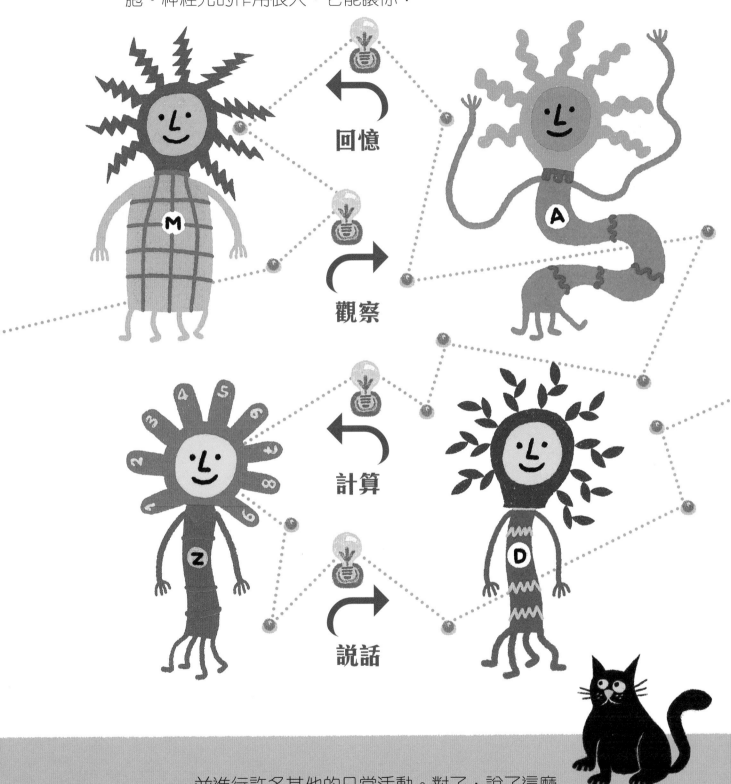

回憶

觀察

計算

說話

……並進行許多其他的日常活動。對了，說了這麼久，請問我有什麼可以幫你嗎？」

記憶小隊：打開回憶抽屜

「我要參加一個比賽，但我怎麼也想不起，我究竟把參賽證放了在哪裏。聽完你的介紹，我覺得你們一定能幫我找到它！」阿爾伯特興奮地喊道。

「當然！」查理回應，「你看到大腦中那個黃色的部分嗎？小信就在那裏，它可是**記憶神經元**的隊長。你可以向他求助哦！」

挑戰站

像什麼動物？

上圖中大腦的這一部分，形狀像什麼動物？

伶鼬　　　　　蛇　　　　　海馬　　　　　熊

「你要知道，」查理繼續解釋，「每當你玩**記憶遊戲**時，小信隊長都在發揮它的作用。你試試看！」

你好！我就是
小信隊長！

「小信隊長，我要參加**超級問答大賽**，卻想不起把
參賽證放了在哪裏。你能幫我嗎？」

「當然沒問題！」小信隊長回答道，「你嘗試把記憶想像成一個櫃子，這個櫃子共有**三排抽屜**，每一個抽屜都裝滿了回憶。每打開一個，你就會發現裏面裝了什麼。你打開抽屜的次數越多，就越能記住裏面的內容。**遊戲**可是個提高記憶力的好辦法喔！快試試這個！」

挑戰站

物件的顏色

請觀察以下十幅圖片，記住所有物品的顏色，然後前往第20頁進行遊戲。

「這遊戲真好玩！謝謝你，小信。你能再跟我說說記憶抽屜的事嗎？」

「可以啊！在第一排的抽屜裏，你能找到一些最近的回憶，也就是**短期記憶**。你往往記不住它們，因為你很少打開那些抽屜。你的參賽證，就屬於這一類情況。」小信隊長回答道。

馬可

「第二排抽屜裝的是**中期記憶**，你已經儲存了一段時間，也會經常使用，例如你朋友們的名字。

在第三排抽屜，你會找到**長期記憶**。它們會伴隨你的一生，例如那些和你親人有關的回憶。」

阿爾伯特若有所思，他還有問題要請教小信隊長：「那麼，有了**長期記憶**，我就永遠不會忘記婆婆做的美味千層麵，對不對？」

「沒錯！」小信回答，「你想像一下麵條的味道，還有它的氣味和顏色。當你喜歡某樣東西的時候，你會更容易記住它。」

「那不好的回憶呢？它們也會被收集到長期記憶的抽屜裏嗎？我到現在還記得，有一次我是怎麼從椅子上摔下來的呢！」

「是的。這些回憶的作用就是讓你警惕自己，以後要更加小心。」

挑戰站

顏色的物件

請閉上雙眼，然後將手指隨意指向其中一個顏色，再睜開雙眼，試着回憶在第18頁中所有這一個顏色的物品。

不同了！

請幫助阿爾伯特回憶，哪些是他房間裏的玩具？先前往第7頁，仔細觀察，然後觀看下圖，回答右邊問題。

- 哪個玩具沒有在第7頁出現？
- 哪個玩具的位置不同了？
- 哪個玩具的顏色變了？

數學小隊：收集各種資訊

「看來我已經具備足夠的能力，可以去尋找我的參賽證了！」阿爾伯特歡呼道。

「等等！別着急！」查理把他攔了下來，「你還沒遇見其他幾隊神經元的隊長呢！它們都在你的大腦裏喔！」

「到底共有幾位隊長呢？」
「共有四位，你已經認識一位了，還剩幾位呢？」
「還有三位！」

「答對了！你剛剛做了一條數學題。馬上，你就會遇見零一隊長啦！」

你好！我就是零一隊長！

一件！兩件！

請幫助阿爾伯特完成他的調查：訓練營的架上有許多物品，每一種物品都能找到三件一模一樣的，但有一種只有兩件，還有一種只有一件。它們分別是哪兩種物品呢？

「我早就知道你做得很好，」零一隊長稱讚道，「在你很小的時候，你就已經學會**數數**啦！」

「真的嗎？但那時我連話都不會說，又怎麼會數數呢？」阿爾伯特不解地問。

「你雖然不認識數字，但你知道怎樣分辨一個人、兩個人或是三個人的不同聲音，這就類似數數了。現在，讓我們來做個遊戲繼續訓練！」

挑戰站

漂亮的皮球

準備好幫助阿爾伯特了嗎？下圖中畫有六個不同的皮球。請閉上雙眼，然後用手指指向任何一個皮球。現在，請在右頁上尋找相同的皮球。你能找到幾多個？

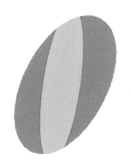

你可以練習多次，每次選取不同的皮球作為目標。

「零一隊長，但我還是不明白，你能怎樣幫我找到參賽證呢？」

「總之有我在，你就能分辨物品的**大小**、**形狀**、**數量**和**位置**。我能幫你收集資訊。有了資訊，你就能解決一些簡單的問題，例如找回那張失蹤的參賽證。」

「那麼，我是不是應該試着回憶一下，我的參賽證究竟長什麼樣？」阿爾伯特提議。

「這個主意十分好！我們就到你的腦袋裏找找！」

參賽證的特徵

請根據以下資料，幫助阿爾伯特尋找他的參賽證。

 1. 長方形

 3. 有一頂帽子

 2. 黃色

 4. 有兩個太陽

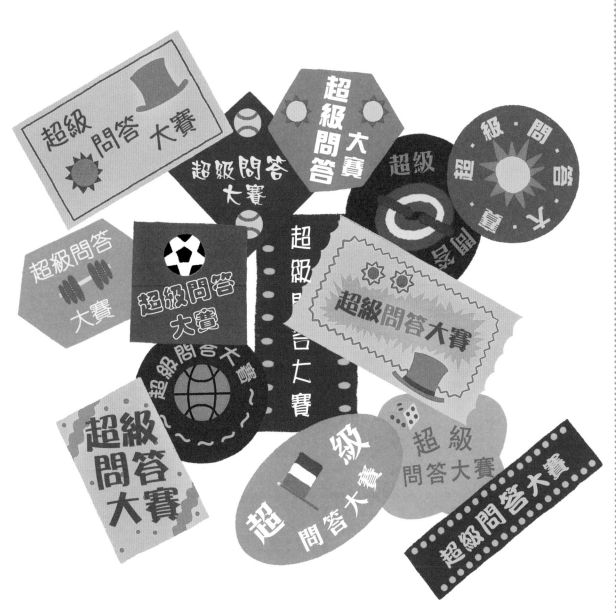

觀察小隊：辨別不同資訊

「是時候把阿察隊長介紹給你了！它會幫助你探索周圍的世界。」查理介紹道。

阿爾伯特轉過身，看見一個神經元正在尋找着什麼。於是他問：「你好啊！請問你在找什麼呢？」

「你好！」對方回答道：「我把帽子弄丟了，正用這個超級放大鏡四處尋找呢！你能幫我一起找嗎？」

阿察的帽子

請幫助阿爾伯特找到阿察隊長的帽子。每個放大鏡都放大了一種物件，究竟哪一個才是帽子呢？

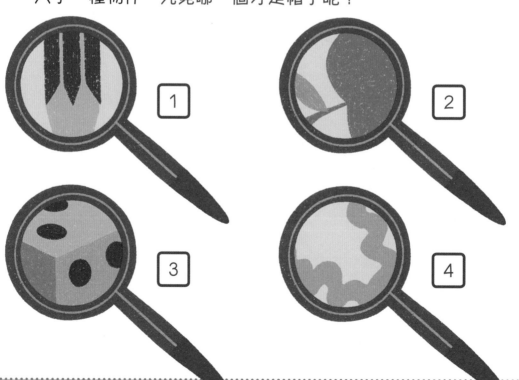

帽子找到了！這時，阿爾伯特問自己的新朋友：
「我在尋找阿察隊長。請問你認不認識它？」
「這還用問？我就是呢！」

阿察隊長

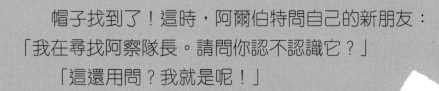

「我是教你探索
和觀察的老師……」
阿察隊長繼續說。

「觀察？但
我看東西看得很
清楚呀！」阿爾
伯特打斷了它。

「看和觀察有很大的分別喔！如果你在觀察
某種物件，那就代表你在仔細地看，就好像你幫
我尋找帽子一樣。」阿察隊長急忙回答。

「這麼說，你是視覺神經元嗎？」
「並非如此。我會幫助你開發大腦的能力，更好地探索這個世界。」
「我不明白。」
「和我玩完遊戲，你就會明白啦！

看看右邊的街道，把手指放在綠色道路的起點上，然後閉上一隻眼睛，手指試着沿道路移動，直至去到花園。

怎麼樣？你覺得難嗎？睜開雙眼再試一次，看看是否有任何不同。

現在把兩隻眼睛都閉上，再試一次。我們的大腦能夠記憶圖像，**即使眼睛看不見，大腦也能再現。**

問問你的朋友，你的手指有沒有準確地沿着道路前進？」

正確的道路

請幫助阿爾伯特，執行阿察隊長的指令。啟動你的大腦，盡情探索吧！

起點

「非常好！很快你就能靠自已找到參賽證了！」阿察隊長不禁讚揚起阿爾伯特。

「在你離開之前，能不能再教我一個小技巧呢。拜託了！」阿爾伯特懇求道。

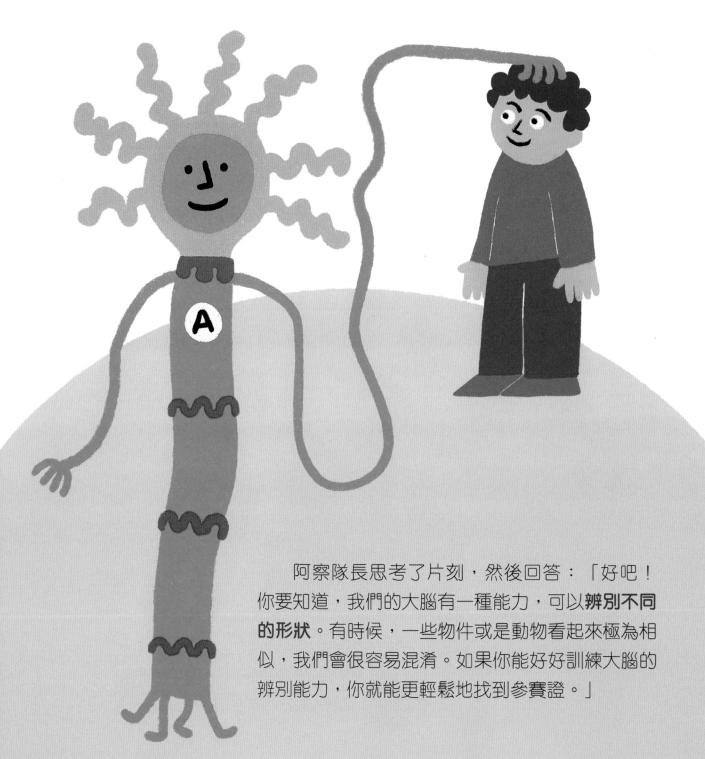

阿察隊長思考了片刻，然後回答：「好吧！你要知道，我們的大腦有一種能力，可以**辨別不同的形狀**。有時候，一些物件或是動物看起來極為相似，我們會很容易混淆。如果你能好好訓練大腦的辨別能力，你就能更輕鬆地找到參賽證。」

動物的形狀

請幫助阿爾伯特將每一種動物與上面的形狀進行配對。
不過，這裏只有六種形狀，少了哪兩個動物的形狀呢？

說完，阿察隊長便離開了。這時，查理突然說了以下這些奇怪的話：

我有很神奇的功效，

能夠整理你的儀容。

大家見我都要脫帽，

我的牙什麼都不咬。

「這是一則謎語！想要解開它，你就要留意裏面的**詞語**。如果覺得難，你可以向小語隊長求助喔！」

挑戰站

齊來猜猜謎

請幫助阿爾伯特解開謎語。在以下物品中，究竟哪一個才是正確的謎底呢？

| 洗頭水 | 梳子 | 鉗子 | 皇冠 |

話音剛落，一個神經元就出現在阿爾伯特面前：「我就是小語隊長！誰在叫我？」

a A b B c C d D e E f F

g G h H i I j J

小語隊長

「是我！我叫阿爾伯特，我想……」
「我負責的部分是**語言**，」小語隊長打斷了阿爾伯特的話，「有人說，我每時每刻都在說話。對了，其他幾位隊長已經把你的事告訴我啦！」
「沒錯，我想問你……」

k K l L m M n N o O p P q Q

r R s S t T u U

阿爾伯特還沒把話說完，小語隊長就搶了在他前面：「平時你們在學校都做什麼？你有沒有參加過任何一種比賽呢？」

阿爾伯特一五一十地回答了對方的所有問題，最後問道：
「小語隊長，我怎麼才能找回參賽證呢？」
「通過訓練，不停**重複**你房間裏所有物品的**名稱**。」

「為什麼？這樣會有用嗎？」
「這能幫助你更輕鬆地回憶，自己究竟把參賽證放在哪裏。小信隊長率領的神經元小隊也經常**大聲**重複詞語呢！我們經常一起合作，一起認識許多詞語，一起在你大腦裏的各個部分尋找詞語。」

大聲讀出來

請幫助阿爾伯特找到詞語。首先用手指在左上角圖中指出任何一個顏色，然後在其他圖片中找出所有包含這個顏色的物件。每找到一個物件，就大聲說出它的名稱。

「原來你還會和其他隊長一起合作呀？」阿爾伯特好奇地問。

「當然！語言的作用非常大！它們會把由神經元收集到的**資訊**全都匯集起來，以便你進行溝通。」

「你看，大家都在了！」

小信、零一和阿察突然出現在阿爾伯特面前。

「集合完畢！」小語隊長歡呼。

「要找到**超級問答大賽**的參賽證，就只差一步了！現在你還有最後一個訓練要完成，是和說故事有關的。」

一起說故事

請幫助阿爾伯特創作一則童話。童話由五個部分組成。先用手指指向任何一幅圖片，觀察圖片並講述童話。

童話的開始如下：從前……

然後任意指向第二幅圖片，繼續講述。告訴我們故事裏發生了什麼事？不要停下，繼續指向第三幅，然後第四幅。注意！到了第五幅圖片的時候，你就要給童話想個結尾了。

 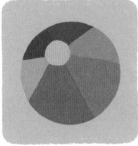  

  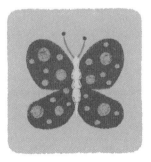 

你完成了訓練，表現非常出色！

好！現在快點出發，去尋找超級問答大賽的參賽證吧！

請幫助阿爾伯特一起尋找參賽證！想要找到參賽證，就必須完成接下來的所有任務。

每完成一個遊戲，答案就會告訴你：應該尋找哪個方格，才能繼續餘下的遊戲。

要尋找的方格位於每一頁的右上角。

在某些情況下，你必須在不同的選項中作出選擇，決定如何繼續。你隨時可以退回上一步，重新選擇，並從錯誤中吸取教訓。

正確解開所有謎團之後，你就能發現阿爾伯特把參賽證放在哪裏啦！

動物的足跡

你喜歡小動物嗎？請幫助阿爾伯特識別每一種動物的足印。不過，只有一種動物的足印能把你引向參賽證喔！要繼續遊戲，就在後面某一頁的方格裏找到這種動物。

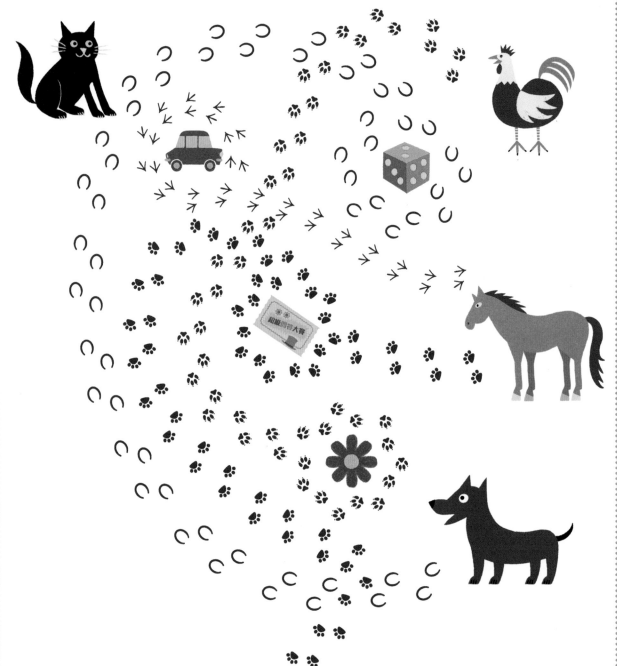

動物的足跡

缺了什麼？

讓我們試着打開最大的箱子，仔細觀察。
這裏雖然沒有參賽證，但請你記住出現過
的所有物品，然後翻頁，繼續遊戲。

在這個箱子裏，一共有六件物品，和前一頁相比，多出了一件，你能認出是哪一件嗎？
如果不記得了，就翻到前一頁，再仔細看看。

現在你有了答案，就能在另一個方格中找到它，然後繼續遊戲啦！

尋找物品

有一幅畫也許能幫到你。快來看看，哪一件物品出現了四次？

請在某一頁的方格中找到這件物品，繼續遊戲。

在書包裏找找！這個主意不錯呢！但……還是沒有。

請回到阿察帽子的方格，選擇另一種紙張。

物品的影子

現在你已經有了全部必需的物品。請仔細對照，找到每一件物品的影子。只有一件物品沒有影子，是哪一件呢？

請到含有這件物品的正確方格，繼續遊戲。

春暖花開

在回家的路上，阿爾伯特手上拿着一束鮮花。請仔細觀察，記住每一朵花的顏色。然後翻頁，完成遊戲。

少了哪一朵花？它是什麼顏色的呢？如果記不起來，就再翻回去看看吧。

現在你有了答案，就能在正確的方格中找到它，然後繼續遊戲啦！

挑戰站

帽子店

皇冠是專門給國王戴的帽子。請幫助阿爾伯特在架子上找到阿察隊長的帽子。請記住，有三個角的帽子，才是它喜歡的。究竟是哪幾頂呢？

請找到含有正確帽子的方格，繼續遊戲。

答案圖中尋

請仔細觀察下列字謎，每一條字謎都拼出了一個英文詞語的前半部分，參照以下的圖片，填寫英文詞語的後半部分，最後一條字謎的英文詞語需靠你自己拼寫。它所對應的是剩下的那幅圖片。

Tr ＿＿＿＿

Di ＿＿＿＿

Dra ＿＿＿＿

Mo ＿＿＿＿

Kn ＿＿＿＿

＿＿＿＿ ＿＿＿＿

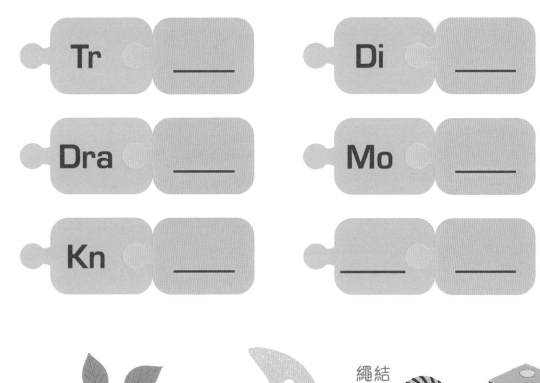

大樹

月亮

繩結

骰子

龍

書包

請尋找含有最後一幅圖片的方格，繼續遊戲。

形狀！形狀！

請找到有相同形狀的物件，並統計每一個形狀出現的次數。哪一種形狀只出現了一次呢？

這個形狀裏的物品是什麼？請在某一頁的方格裏找到這件物品，繼續遊戲。

你沒有找到參賽證。
請回到含有皮球的方格，
選擇另一個元素，繼續遊戲。

湯姆的盒子

做得好！你已經追上阿爾伯特的貓咪湯姆了！說不定就是牠把參賽證藏起來呢！以下的盒子都是牠喜歡的。請按由小至大的順序，排列這些盒子。

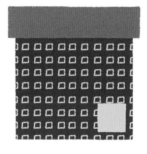

請找到含有最大兩個盒子的方格，繼續遊戲。

阿爾伯特的水筆

現在你已經有了紙張，但還需要水筆才能書寫。在阿爾伯特的桌上，共有四支水筆。請仔細觀察並記住它們的顏色，然後翻開後頁，繼續遊戲。

你還記得在阿爾伯特桌子上的是哪四支水筆嗎？如果忘記了，就翻回前一頁，再看一下。

現在你有了答案，就能在正確的方格中找到它們，然後繼續遊戲了！

挑戰站

漫步公園

太陽高照，不如到公園裏看一篇精彩的故事吧！請把故事裏的詞語和相應的圖片連起來。

花朵　　蜜蜂
天鵝　　大樹
小狗　　青蛙
皮球

只有一幅圖片少了相應的詞語，是哪一幅呢？

請找到含有這幅圖片的方格，繼續遊戲。

宇宙探索

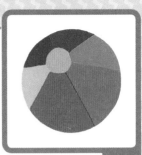

請看看阿爾伯特房間裏的這張海報,裏面共有兩條線索,能夠讓你繼續遊戲。請找到和皮球形狀相同的兩個物品。

找到它們了嗎?請分別畫在旁邊的空格內。

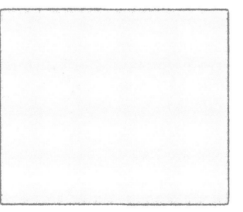

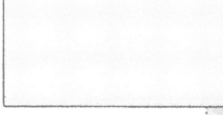

然後選擇其中一個,找到相應的方格,繼續遊戲。

積木

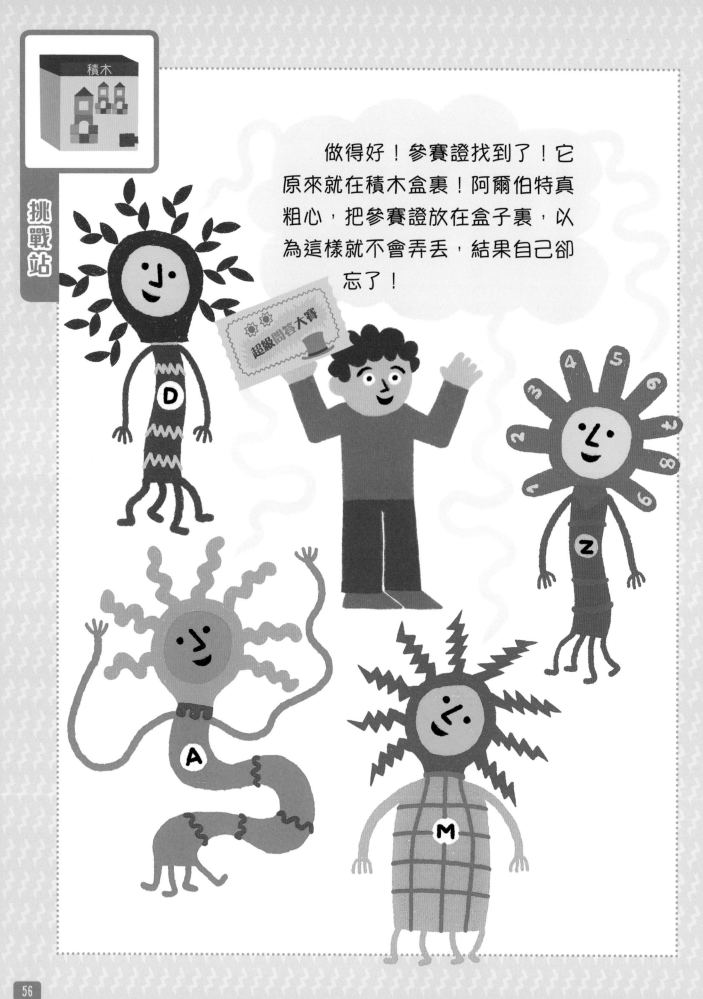

做得好！參賽證找到了！它原來就在積木盒裏！阿爾伯特真粗心，把參賽證放在盒子裏，以為這樣就不會弄丟，結果自己卻忘了！

超級問答大賽

消失的積木

阿爾伯特總是十分健忘，時常想不起把玩具放在哪裏。請仔細觀察以下這些積木，並記住它們的樣子。然後翻頁。

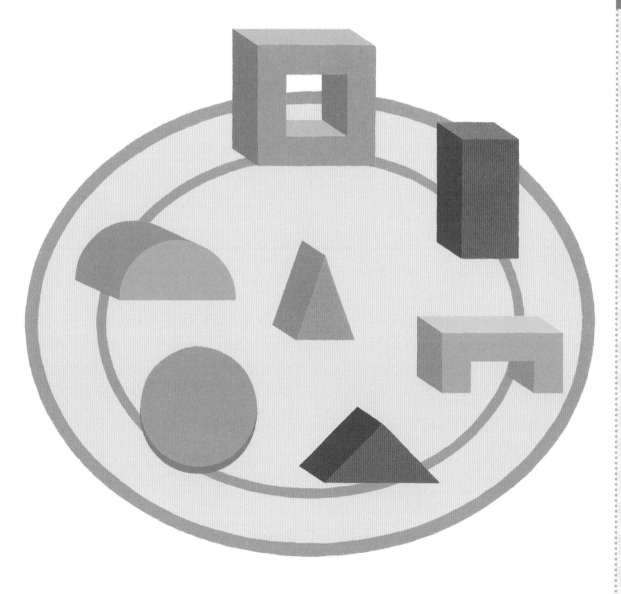

你還記不記得少了哪一塊積木？如果忘記了，就翻回前一頁，再看一下。然後繼續遊戲！

現在你有了答案，就能在正確的方格中找到它，然後繼續遊戲啦！

挑戰站

白雪公主

阿爾伯特喜歡聽童話故事，而《白雪公主》是他的最愛。請幫助他把下列圖片按照故事發展的順序進行排列。

哪一張圖片代表了故事的開始呢？請找到含有這幅圖片的方格，繼續遊戲。

阿察的紙張

謝謝你幫我找到了帽子！現在請再幫我一個忙，整理好我的紙張。我總是用它們來畫藏寶圖，然後再收起來。

請幫我拿一個盒子，放進十種不同的紙張：糖紙、巧克力包裝紙、活頁紙、餐巾紙、衞生紙、麵包包裝紙、彩色賀卡、硬卡紙等等，然後按由大至小的順序進行整理。

你較喜歡哪一種呢？

如果你較喜歡圓點紙張，請去尋找含有它的方格。

如果你較喜歡方格紙張，請去尋找其對應的方格。

59

「各位隊長，太感謝你們了！在你們的幫助下，我終於找到了超級問答大賽的參賽證！」

答案

第7頁　參賽證在哪裏？

第11頁　找尋入口
4 號按鈕

第16頁　像什麼動物？
海馬。它不只是動物，還用來表示大腦中的一個部分。至於原因，就因為這一部分的形狀像極了海馬。

第21頁　不同了！
哪個玩具沒有在第7頁出現？
帆船

哪個玩具的位置不同了？
恐龍

哪個玩具的顏色變了？
直升機

第23頁　一件！兩件！

 只有兩件，　 只有一件

第24-25頁　漂亮的皮球

3 個　　　　5 個　　　　4 個

5 個　　　　5 個　　　　4 個

第27頁　參賽證的特徵

超級問答大賽

第28頁　阿察的帽子
4 號

第33頁　動物的形狀
小狗和母雞

第34頁　齊來猜猜謎
梳子

第42頁　動物的足跡

靠近參賽證的足印是屬
於貓咪的。

第43-44頁　缺了什麼？

皮球

第44頁　尋找物品

塔樓

第46頁　物品的影子

積木盒

第47-48頁　春暖花開

少了黃花

第48頁　帽子店

第49頁　答案圖中尋

第50頁　形狀！形狀！

長方形，裏面是書本

第52頁　湯姆的盒子

第53-54頁　阿爾伯特的水筆

粉紅色、黃色、綠色、紅色

第54頁　漫步公園

單車

第55頁　宇宙探索

地球

太陽

第57-58頁　消失的積木

紅色的三角積木

第58頁　白雪公主

1　2　3　4